Marion Bardehle

Perlen auf Draht

Pfiffige Ideen für viele Gelegenheiten

frechverlag

Im frechverlag erscheinen ständig neue Bücher zu aktuellen Kreativ-Themen:

TOPP 2052

TOPP 2078

TOPP 1141

TOPP 1720

TOPP 1510

TOPP 1955

Fotos: frechverlag GmbH & Co. Druck KG, 70499 Stuttgart, Jürgen Rudolf, Stuttgart. Zeichnungen: Marion Bardehle

Auflage: 7. 6. 5. 4. 3. | Letzte Zahlen
Jahr: 2000 99 98 97 96 | maßgebend

frechverlag GmbH + Co. Druck KG, 70499 Stuttgart

ISBN 3-7724-1894-5 · Best.-Nr. 1894

Druck: frechverlag GmbH + Co. Druck KG, 70499 Stuttgart

EINLEITUNG

Schon unsere frühen Vorfahren schätzten und begehrten Perlen, ganz gleich ob sie diese aus Knochen, Stein, Holz oder Ton anfertigten. Später waren dann Perlen aus Glas, die vor allem in Venedig hergestellt wurden, besonders beliebt.
Heutzutage bestehen Perlen in den außergewöhnlichsten Farben und Formen meist aus Kunststoff, aber die Faszination dieser bunten Kügelchen ist geblieben.

Mein Buch möchte Ihnen eine Vielfalt an Gestaltungsmöglichkeiten und Ideen zeigen.
Deshalb beschreibe ich nicht jede einzelne Perle, die Sie z.B. für einen Stern benötigen, sondern ich ordne die verschiedenen Arbeiten Techniken unter. Denn Sie werden sicherlich nicht immer die gleichen Perlen im Handel erhalten, die ich verwendet habe.
Viel wichtiger erscheint mir die genaue Angabe der Drahtstärke, damit die Arbeiten die richtige Festigkeit bekommen sowie spezielle Tricks für die Anfertigung.

So, nun hoffe ich, daß Sie genausoviel Freude haben werden, mit diesem herrlichen Material zu arbeiten wie ich.

Ihre
Marion Bardehle

WEIHNACHTS-STERNE

WICKELTECHNIK

Die Perlen auf einen Draht fädeln und den Draht noch nicht abzwicken. Für einen kleinen Stern genügt Messingdraht in einer Stärke von 0,4 mm.
Wie bei der Einhängetechnik (Seite 7) die beiden Enden fest verdrehen und zwischen den Perlen etwas

Errechnen der Arbeitsdrahtlänge :
Wenn Sie Ihre Perlen ausgewählt haben, reihen Sie einen Probestrahl auf.
Der für den Probestrahl benötigte Draht mal der Anzahl der Strahlen plus 5 cm Zugabe ergibt die Länge Ihres Arbeitsdrahts.

Bei größeren Sternen nimmt man den Draht für den Kreis doppelt oder verwendet Silberdraht in einer Stärke von 0,6 mm. Beim Silberdraht muß man allerdings den weiter verwendeten Arbeitsdraht (0,4 mm) an der Nahtstelle ansetzen. Dazu schiebt man ihn in zwei Perlen, hält ihn mit den Fingernägeln gut fest und wickelt ihn zweimal um den Silberdraht. Genauso verfährt man, wenn der Draht einmal zu kurz sein sollte.

Die Perlen für den ersten Strahl auffädeln und an der entsprechenden Stelle am Kreis zweimal fest einwickeln. Auf diese Art nach und nach die einzelnen Strahlen einarbeiten. Zuletzt werden die Sternspitzen gebogen.

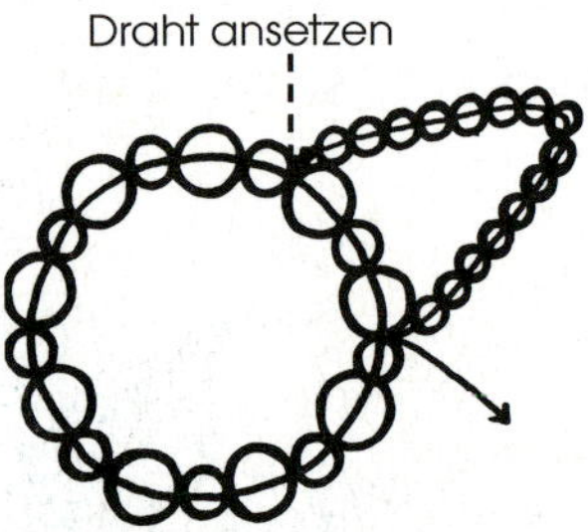

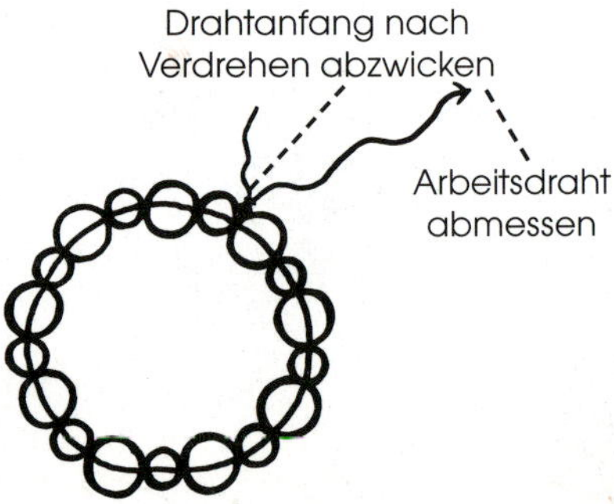

Sterne in Wickeltechnik

Da die Grundkreise bei schwierigeren Sternen nicht nur aus einer Perlenart bestehen, muß man beim Auffädeln darauf achten, daß die spätere Nahtstelle, an der der Kreis geschlossen wird, zwischen den Perlengruppen liegt.
Bei genügend Zwischenraum im Grundkreis kann man auch einen inneren Strahlenkranz einarbeiten.

Stern mit Straßteil

Bei einer länglichen Perle als Strahlenspitze steckt man die Perlen für die halbe Zacke, einschließlich der länglichen Perle, auf den Draht, führt ihn außen an der länglichen Perle zurück, verdreht ihn darunter und vollendet den Strahl mit den restlichen Perlen oder Stäben.

Fünf Perlen als Strahlenspitze: diese werden lediglich zu einem kleinen Kreis geformt, wobei der Draht unterhalb des Kreises verdreht wird.
Das Straßteil, die Pailletten und das Glöckchen befestigt man jeweils mit einem dünnen Drahtrest.
Auch hier errechnet sich der benötigte Draht aus der Länge eines Strahls und der Anzahl der Strahlen plus 5 cm Zugabe.

Einhängetechnik

Zunächst entsteht der Grundkreis:
In die Mitte eines ca. 25 cm langen Messingdrahtes, Stärke 0,4 mm, fünf bis sechs Perlen schieben, die Drahtenden im Winkel von 45° übereinander legen und zweimal ganz fest herumdrehen.
Das ist ganz wichtig, denn der Grundkreis darf sich nicht mehr öffnen, da er das Gerüst bildet.
Allerdings sollte zwischen den Perlen etwas Platz bleiben, um die weiteren vier oder fünf Drähte (ca. 20 cm lang) einhängen zu können.

Nun die Doppeldrähte im Grundkreis einhängen und verdrehen.
Auf alle Doppeldrähte jeweils eine Perle stecken und die Enden auseinanderbiegen.
Dadurch treffen sich nun die Nachbardrähte.
Das Prinzip ist also: auffädeln, teilen, auffädeln, sich in einer Perle treffen, wieder teilen.

Die Enden verzwirbeln, ca. 7 mm stehen lassen und mit einer Rundzange eine Öse biegen, oder die Drahtenden einfach um die letzte Perle knicken.

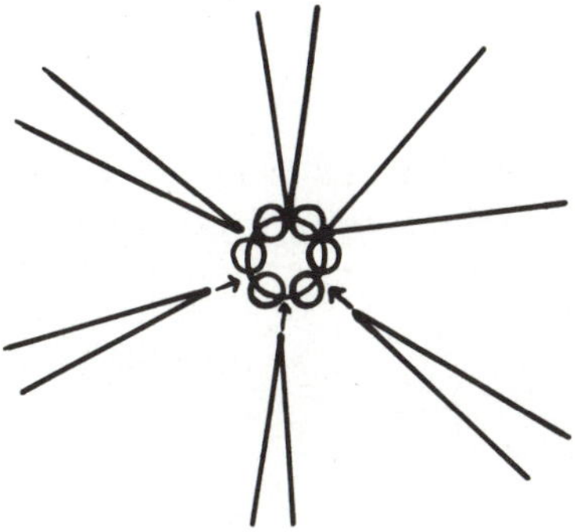

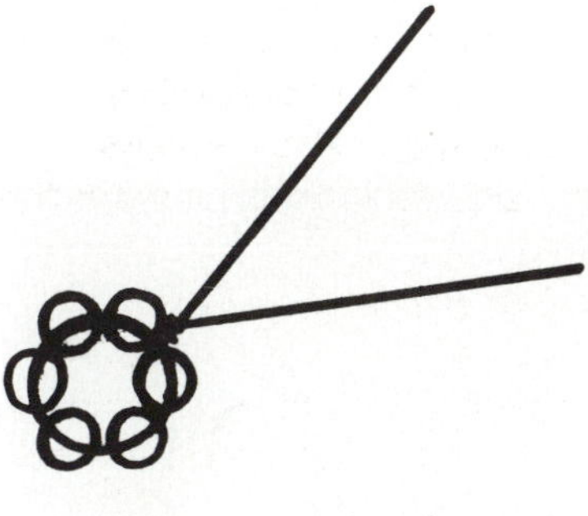

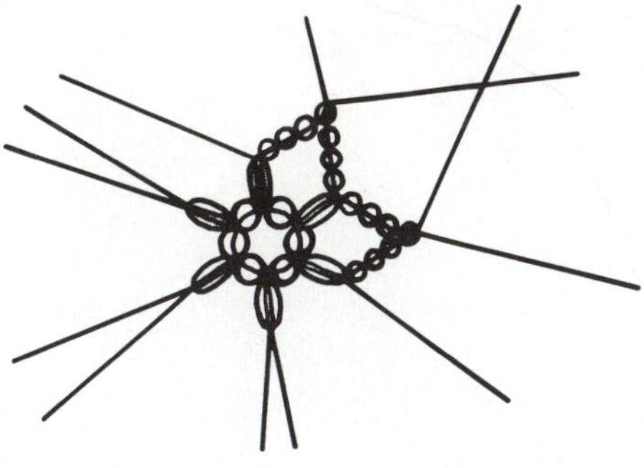

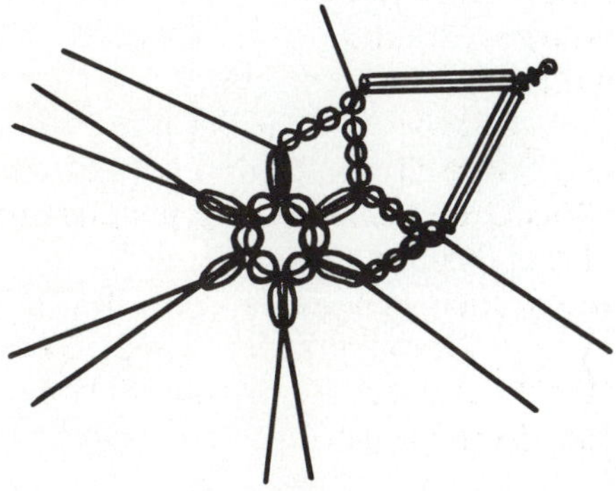

Kugel

Hier gibt es verschiedene Möglichkeiten, aber folgende finde ich am einfachsten: Man wählt die Einhängetechnik (siehe Seite 6). Die sechs Messingdrähte, Stärke 0,4 mm, für eine Kugel mit 5 cm Durchmesser sollten ca. 25 cm lang sein. Die Zeichnung zeigt die obere Hälfte der Kugel.

Nach der mittleren, fliederfarbenen Perle arbeitet man die Kugel wieder enger werdend nach unten weiter. Als Abschluß muß man nun noch die zwölf Drahtenden zwischen einen separat aufgefädelten Kreis aus sechs Perlen, ähnlich dem Anfangskreis, einwickeln.

Bei den Ohrhängern geschieht alles im Miniformat, ihr Durchmesser beträgt 2,3 cm.

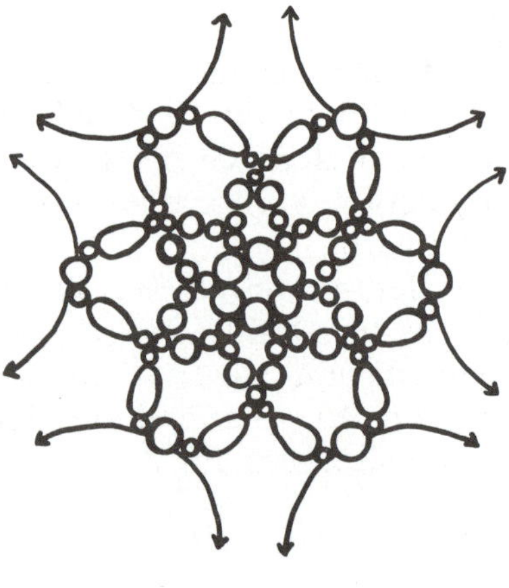

Plastischer Stern

Man kann eigentlich jeden kleineren Stern auch plastisch arbeiten.
Dieser Weihnachtsschmuck in Einhängetechnik hat im Prinzip dasselbe Grundmuster wie der Stern auf Seite 7.
Nur wird hier aus sechs weiteren rosa Perlen ein weiterer Grundkreis erstellt, der in den ersten Kreis mit je drei Perlen vorne und hinten gedrahtet wird.
Auch in diesen zweiten Grundkreis werden sechs Drähte eingehängt. Die oberen und unteren weißen Perlen und die dazugehörenden Spitzen benutzt man für beide Sterne.

Nadelstern

Er kann als Weihnachts- oder Ganzjahresdekoration, z.B. im Fenster oder unter einer Lampe, Verwendung finden. Man benötigt dazu einen kleinen Vollgummiball mit höchstens 2 cm Durchmesser, Bastelnadeln (4 cm lang), goldene und silberne Glasstäbchen (1,2 cm lang), goldene Perlen (6 mm Ø), kleine Glasperlen und bunte Pailletten.
Die geschmückten Nadeln müssen immer im rechten Winkel zur Ballmitte stehen und gleichen Abstand zueinander haben.
Am besten umrundet man den Ball in der Mitte.
Die einzelnen Hälften lassen sich dann leichter ausfüllen.

Weihnachtsbäume

Für den gesamten Baum benötigen Sie ca. 60 cm Silberdraht, Stärke 0,8 mm. Nun knickt man den gesamten Draht in der Mitte und fädelt 27 oder 31 Perlen (4 mm Ø), auf beiden Hälften verteilt, auf. Dann wird der Draht fest verdreht.

36 oder 38 Perlen benötigt man für die Mitte des Weihnachtsbaums und 44 bzw. 50 Perlen für das untere Teil. Jetzt müssen die Zweige in Form gebogen werden.
Mit feinem Draht befestigt man die Spitzensterne und die kleinen Kerzenhalter. Für die Kugeln biegt man mit einer Rundzange kleine Ösen an kurze Drähte.

Großer Fensterstern

Als Mittelpunkt wurde hier ein fertiger Perlenring verwendet, man kann ihn aber auch aus 0,8 mm dicken Perlen und festem Draht selbst anfertigen.
Die Einhängedrähte sollten 30 cm lang sein (siehe Seite 6). Mit einem Doppeldraht fädelt man die Paillettensterne, im Handel erhältlich, jeweils von oben und unten auf.
Es arbeitet sich leichter, wenn erst drei Drähte fertig aufgezogen werden und dann immer einer dazu kommt.

Großer Stern

(siehe Titelseite)

Die Herstellung dieses kostbar wirkenden Sterns dauert zwar etwas länger, ist aber nicht so schwierig.
Er ist zuerst in Einhängetechnik (siehe Seite 6) gearbeitet.
Die kleinen Zacken wickelt man später doppelseitig ein, um die Kristalltropfen, die unten gelocht sind, zu halten.
Für die Befestigung der Sternchen steckt man von jeder Seite ein Drahtende durch, zwickt es nach 5 mm ab und biegt es um.
Zuletzt knüpft man die Kristalle ein. Mit einem feinen Draht werden sie danach unterhalb der Glasstäbchen fest umwickelt.

Abbildung 1

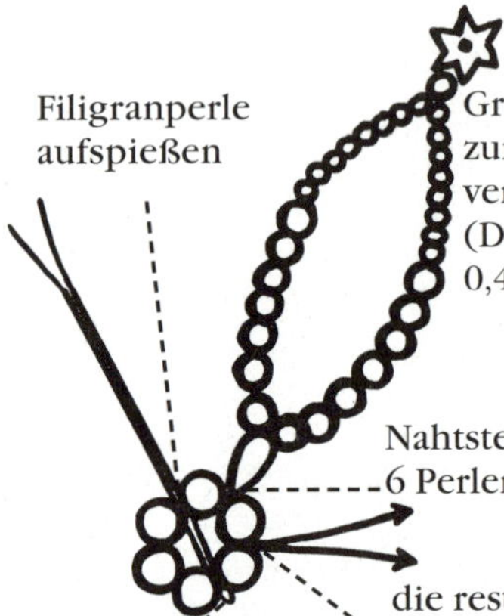

Abbildung 2

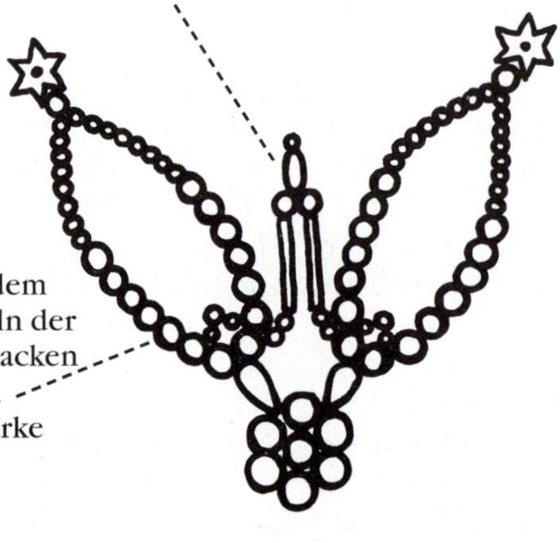

Engel mit Glasstäbchen

Wie auf der Zeichnung fädelt man die Perlen bis zur Mitte auf einen ca. 70 cm langen Messingdraht, Stärke 0,4 mm, und biegt ihn zurecht. Die beiden gleich langen Enden werden nun von jeder Seite noch einmal durch die beiden kleinen Perlen oben im Rockbund geschoben, in der nächsten Reihe fädelt man wieder von beiden Seiten zuerst drei dicke und dann zwei dicke Perlen auf.

Für einen Arm benötigt man vier dicke Perlen, einen Paillettenstern und acht kleine Perlchen. Der Draht wird durch den Stern und die vier Armperlen zurückgeführt. Mit den Restdrähten werden für einen Flügel 17 kleine Glasstäbchen im Wechsel mit Pailletten aufgereiht und am Rockbund verankert. In die beiden oberen Halsperlen schiebt man nun einen 15 cm langen Draht ca. 5 cm durch und fädelt von beiden Seiten eine große Kopfperle auf. Das kurze Ende wird eingewickelt und abgezwickt. Mit dem langen Stück arbeitet man den Heiligenschein.

Diese 2 Perlen mit einem Drahtrest extra einziehen.

Fliegender Engel

Er ist in der Doppelt-Durchschiebetechnik (siehe unten) gearbeitet. Man beginnt mit den zwei Perlen am Hemdende und arbeitet sich bis zu Kopf und Hand vor. Die Trompete ist extra befestigt, ebenso der Flügel aus Blattpailletten, der durch Klebstoff noch stabilisiert wird. Für die Haare setzt man einzelne Drähte an, zieht Bouillondraht auf und formt Locken.

Doppelt-Durchschiebetechnik

Kerzen

Die Doppelt-Durchschiebetechnik läßt sich anhand der Kerzen am einfachsten erklären. Um auszurechnen, wieviel Draht (Stärke 0,4 mm) man für eine Arbeit benötigt, fädelt man eine Probereihe auf, mißt sie ab, multipliziert diese Länge mit der gewünschten Reihenanzahl und verdoppelt das Ergebnis plus Zugabe. Für den Kerzenschein kommen etwa noch 15 cm dazu. Nun fädelt man, von rechts beginnend, die ersten beiden Reihen etwa mittig auf den Draht auf. Die Reihen werden gleich übereinander angeordnet. Das Drahtende, das sich an der Anfangsperle befindet, wird nach oben zur zweiten Reihe geführt. Nun den Draht in entgegengesetzter Richtung (von rechts) des bereits durchgefädelten Drahtendes durch die zweite Perlenreihe ziehen und so ausgleichen, daß die beiden Enden ungefähr gleich lang sind.

Die dritte Reihe wird wieder von rechts aufgezogen und von links nochmals durchbohrt usw.
Den Rest des Drahtes verwendet man für die Kerzenscheine. Bei der violetten Kerze wird der Draht um einen Zahnstocher gewickelt und anschließend mit Bouillondraht umsponnen.
Die Flammen und Kerzenständer setzt man später an.

Schlitten

Die Schlittenkufe wird aus Silberdraht, Stärke 0,8 mm, geformt. Der Aufbau ist extra angesetzt und die Geschenke in Doppelt-Durchschiebetechnik aufgefädelt.

Schneemann

Hier kann man gut erkennen, daß sich diese Technik nicht nur für Rechtecke eignet. Man kann die einzelnen Reihen auch vergrößern und verkleinern.
Bei abstehenden Teilen, wie Schal, Nase und Besen, wird der Draht, der den Körper bildet, auch hierfür verwendet. Ab der vorletzten Perle führt man den Draht wieder zum Ausgangspunkt zurück.

Nikolaus

Man beginnt unten am Mantelbesatz mit einem 150 cm langen Messingdraht, Stärke 0,4 mm, oder einem kürzeren und setzt dann an. Bis zum Gürtel wird hochgearbeitet, seine losen Enden werden wie der Schal des Schneemannes angefertigt. Der Draht des Körpers formt auch

den Gürtel und wird dann zum Körper zurückgeführt.
Es wird auf diese Weise bis zum Hals weitergearbeitet.
Die Arme mit den Handperlen sind extra aufgefädelt und leicht befestigt.
Die dickeren, goldenen Perlen lassen das Gesicht plastisch erscheinen.
Augen und Bart werden mit einem dünnen Draht extra befestigt.

Bärchen-Stern

Den Grundkreis bilden 36 Perlen auf Silberdraht, Stärke 0,6 mm.
Den Draht fest verdrehen und abzwicken. Nun wird der Grundkreis in sechs Felder zu sechs Perlen unterteilt, in die jeweils ein dünner Draht, 17 cm lang, so eingezogen wird, daß seine Enden gleich lang sind.
Nun können die Sternstrahlen in Doppelt-Durchschiebetechnik hochgearbeitet werden.
Da die Spitzen etwas instabil sind, wird ein Kreis mit Glasstäbchen an ihnen befestigt.
Das Bärchen hängt an einem dünnen Draht.

Sonne, Mond und Sterne

Goldene Sonne

So wird aus einem Wickelstern (siehe Seite 4) einc lachende Sonne: Nur aus jeder zweiten Perle ragt ein Strahl. Die Drahtlänge ergibt sich durch die Formel von Seite 4.

Die freibleibenden Perlen werden entweder durch möglichst unsichtbares Umwickeln oder schwierigeres Durchstecken ausgelassen. Die Mitte des Grundkreises wird mit Bouillondraht fein umsponnen und erhält aus Pailletten und Glitzerpaste ein nettes Gesicht.

Bunter Komet

Er ist ganz einfach herzustellen und auch für Kinder geeignet. Diesen Kometen hat mein fünfjähriger Sohn aufgefädelt und gebogen. Nur die Drahtenden habe ich fest verdreht. Die Nahtstelle befindet sich im Knick des Schweifes. Es werden alle kleinen Perlen und Glasstäbchen (je 23) auf einen Silberdraht, Stärke 0,6 mm, gesteckt und der Komet nach dem Foto gebogen.

Goldperlen-Komet

Zuerst wird der Stern in der Doppelt-Durchschiebetechnik (siehe Seite 16) angefertigt. In der ersten Reihe wird eine Perle aufgefädelt, in der zweiten Reihe zwei Perlen aufnehmen und in der dritten Reihe drei. Nach der vierten Reihe werden auf jeder Seite drei Perlen dazugenommen.

Die Sternform entsteht durch Zu- und Abnehmen der Perlenzahl. Die hier am besten geeignete Drahtsorte ist Messingdraht in einer Stärke von 0,4 mm.

Für die äußere Linie des Schweifs wird ein Draht fest an den Stern gewickelt. Die inneren Linien werden zusätzlich befestigt.

Gelbe Sonne

Sie wird im Prinzip genauso gefertigt wie ihre goldene Schwester, nur daß hier jeweils zwei Perlen des Grundkreises überspannt und eine ausgelassen werden (drei verschiedene Perlengrößen: 0,4 mm für die Strahlenspitze und die Grundkreismitte, 0,6 mm für den Strahlenanfang, 0,8 mm für den Grundkreis). Nun werden in die Mitte des Grundkreises Reihe für Reihe kleine Perlenstränge in den Grundkreis eingewebt.

Man kann das Gesicht gleich miteinarbeiten oder mit Bastelfarbe bemalen. Damit sich die Perlen dabei nicht drehen, kann man sie mit transparentem Klebstoff fixieren.

Mond

Ebenfalls mit Silberdraht (Stärke 0,6 mm) und in drei verschiedenen Perlengrößen ist der Mond angefertigt. Die Naht befindet sich im Mundwinkel. Auge und Nase wurden mit feinem Draht separat angesetzt.

GELBES EI

Den Grundkreis (Drahtstärke 0,6 mm) nach dem Aufreihen der gelben Perlen fest verdrehen und den Draht abzwicken.
Das Ei innen mit roten und blauen Perlsträngen, auf dünnen Draht aufgefädelt, ausfüllen.

HUHN IM EI

Es ist in Doppelt-Durchschiebetechnik angefertigt.
Schnabel und Augen sind mit einem Drahtrest befestigt (siehe Seite 16).

SCHÄFCHEN

Hier wird es etwas schwieriger da die Hörner, die Beine und der Schwanz mit Drahtresten in der Wickeltechnik angesetzt werden müssen
(siehe Seite 16).

PLASTISCHES EI

Diese Arbeit ist etwas aufwendiger. Das Ei ist in der Wickeltechnik (siehe Seite 4+11) gefertigt.
Zwischen den roten Perlen werden kleine, gelb-weiße Bogen befestigt, die dann jeweils mit ein oder zwei blauen Perlen umsponnen werden.
Ja, und wenn man dann so ein Ei fertig hat, setzt man noch mal vorn und hinten aus roten Perlen einen zweiten Grundkreis an und das Spiel beginnt von neuem.

Perlnetz-Ei

Das Plastikei ist in der Einhängetechnik (siehe Seite 6) umsponnen. Der Grundkreis befindet sich an der dickeren Spitze des Eies. Je mehr Perlen den Grundkreis bilden, desto feinmaschiger wird das Netz. Hier sind es sechs Stück. Der Arbeitsdraht, Stärke 0,3-0,4 mm, ist ca. 30 cm lang. Nach dem Grundkreis steckt man auf jeden doppelt eingehängten Draht eine Perle und teilt ihn. Dann werden zwei Perlen aufgefädelt und jeweils zwei Drähte durch eine Perle zusammengefaßt. Im nächsten Schritt auf die einzelnen Drähte jeweils drei Perlen auffassen, die Drähte in einer Perle zusammenfassen und dann vier Perlen auffädeln. Jetzt ist man in der Mitte des Eies und fädelt nach demselben Muster, nur umgekehrt, den Rest auf. Die zwölf Drähte werden miteinander verwickelt und abgezwickt.

Schmetterlings-Ei

Die Herstellungsart gleicht der des Perlnetz-Eies (Arbeitsdrahtlänge 25 cm).
Der Grundkreis an der Eispitze besteht hier aus fünf Perlen. Die Schmetterlingspailletten werden über Kreuz von hinten aufgefädelt.
Die zehn Drahtenden kann man zu einem Stiel verdrehen und als Aufhänger benutzen.

Glasperlenhase

Diese Arbeit ist auch für Kinder ab sechs Jahren geeignet. Man bestückt einen 40 cm langen Messingdraht, Stärke 0,4 mm, mit Glasperlen und knickt die Enden provisorisch um. Jetzt kann der Hase, beim Schenkel beginnend, durch Auflegen auf das Foto in Form gebogen werden.
Den Schwanz, die Nase sowie eine schwarze und eine weiße Perle für das Auge befestigt man mit einem dünnen Draht am Umriß des Hasen.

Holzperlenhase

Eine helle Perle (12 mm Ø) wird bis zur Mitte eines 45 cm langen Silberdrahtes, Stärke 0,6 mm, gesteckt und der Draht unterhalb der Perle fest verdreht.
Nachdem man auf jede Drahthälfte fünf Holzperlen (10 mm Ø) aufgereiht hat, führt man den Draht von beiden Seiten durch eine sechste Perle.
Damit ist der Bauchkreis geschlossen. So wird auch der Kopfkreis mit Perlen mit 8 mm Ø angefertigt.
Die Restdrähte verwendet man für die Ohren (4 mm Ø).
Die große Bauchperle (25 mm Ø), die Beine (Perlen mit 4/8/15 mm Ø), die Arme (Perlen mit 4 mm Ø) und das Gesicht, das teils aus Glas teils aus bemalten Perlen besteht, werden später angedrahtet.
Die Drahtstärke beträgt 0,3-0,4 mm.

Zwei hübsche Basteleien für Kinder

Schnecke

Dazu schiebt man braune Holzperlen in vier verschiedenen Größen auf einen 35 cm langen Silberdraht, Stärke 0,8 mm, und biegt das Schneckenhaus.

Nun folgen die drei Halsperlen und der Kopf. Bei seiner Bemalung mit Bastelfarbe können die Erwachsenen helfen.

Der Draht wird nach den zwei länglichen Fühlerperlen durch Kopf, Hals und eine braune Perle zurückgeführt und endet nach drei gelben Perlen im Schwanz.

Pinkfarbener Schmetterling

Der Körper bildet das Grundgerüst. Dafür knickt man einen 16 cm langen Silberdraht, Stärke 0,8 mm, in der Mitte um eine kleine Glasperle, steckt sechs Holzperlen (8 mm Ø) auf beide Drähte und drückt sie als Fühler etwas auseinander. Nun schlingt man die Mitte eines 60 cm langen Messingdrahtes, Stärke 0,4 mm, zweimal hinter der Kopfperle herum und fädelt auf jeder Seite die Perlen (6 mm Ø) für die Umrisse der oberen Flügel auf.

Nach der dritten Perle des Körpers wickelt man die Drähte nun einmal um den Mitteldraht herum und führt sie jeweils durch drei Perlen der Flügel zurück. Jetzt werden die unteren Flügel, erst die äußere Rundung, dann die innere, in gleicher Arbeitsweise angefertigt. Mit einem neuen Draht füllt man die oberen Schwingen aus.

Drahtperlen-Bäumchen

Sie können solche Bäumchen mit winzigen Perlen zum Blühen bringen, den Herbst mit rostfarbenen Pailletten darstellen oder auch durch Perlen und Pailletten Früchte tragen lassen, wie ich es schon in meinem Buch über originelle Türschilder (TOPP 1365) auf Seite 20 zeigte.
Für den großen Baum mit seinen überhängenden Zweigen (Höhe: 13 cm) benötigt man ein 1 cm dickes Bündel von 20 cm langen Drähten in Messing oder Kupfer, Stärke 0,2-0,3 mm.
Für den kleinen Baum sollte der Strang 0,5 cm stark sein und 12 cm lang.
Die Drahtstücke werden nun in der Mitte gedreht und die Wurzeln abgeteilt.
Die Wurzeln verzwirbelt man fest bis sie spitz zulaufen.
Für die Zweige teilt man das obere Stück des Drahtbündels in mehrere, dünnere Stämme, die sich immer mehr verästeln sollten.
Auf die Spitzen der so entstandenen Zweige fädelt man die gewünschten Perlen oder Pailletten, biegt die Drahtenden 1 cm um und dreht sie fest.

VIOLETTER SCHMETTERLING

Er ist am leichtesten nachzuarbeiten, da er seinem pinkfarbenen, großen Bruder von Seite 24 sehr ähnelt. Für den Körper verwendet man Holzperlen mit 4 und 8 mm Durchmesser. Er erhält auch zwei Augen und zum Schluß Glasstäbchen für die Fühler.
Nun werden die oberen Flügel mit einem 50 cm langen Messingdraht, Stärke 0,4 mm, genauso hergestellt wie bei dem pinkfarbenen Schmetterling (Perlen mit 4 mm Ø).
Die oberen Flügel sind nicht mit den unteren verbunden und überdecken diese etwas.
Die unteren Flügel werden extra mit einem 30 cm langen Draht angefertigt.

TAGPFAUENAUGE

Es ist nur geduldigen Perlenfans zu empfehlen. Hinweise zu Körper und Draht siehe violetter Schmetterling. Der am Körper verankerte, mit je 18 schwarzen Perlen bestückte Messingdraht für die oberen Flügel wird nach der achten Perle zu einem Kreis gedreht und einmal eingewickelt.
Jetzt reiht man erst die braunen und orangefarbenen Perlen für die Umrisse auf.

Die schwarzweißen Schnecken in den Unterflügeln wurden vorher gebogen und wie alle restlichen Perlen mit dünnem Draht gesondert eingearbeitet.

Schwalbenschwanz

In die mit Silberdraht, Stärke 0,6 mm, und gelben Glasperlen geformten Flügelkonturen werden die Muster mit dünnem Draht Reihe für Reihe eingewebt und in den Flügelumrissen eingehängt.
Blaue Glitzerpaste belebt die unteren Flügel.

Libelle

Der Körper wird hier genau umgekehrt angefertigt.
Die Enden des Drahtes befinden sich unten.
Bei den Flügeln wickelt man die Glasstäbchen mit einem dünnen Draht mal gerade, mal über Kreuz ein.

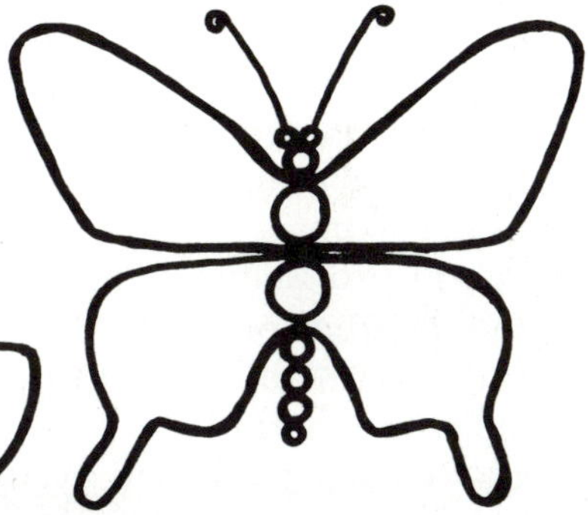

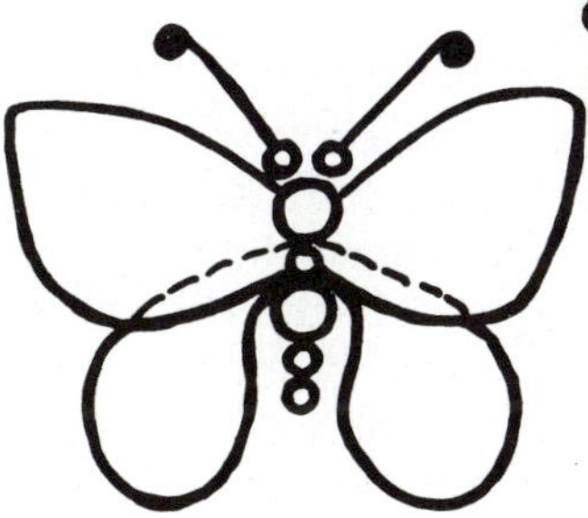

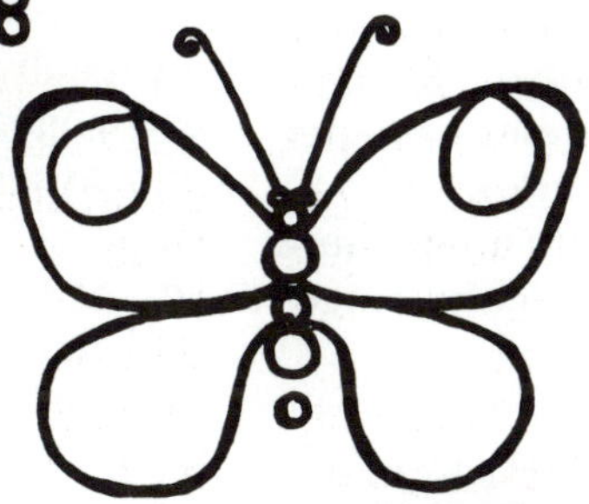

Diese Schmetterlinge sind als Broschen oder hängender Zweigschmuck gedacht. Benutzen Sie die Zeichnungen zum leichteren Nachbiegen der Flügel!

Freundschaftsbänder

Diese Freundschaftsbänder sind in der Doppelt-Durchschiebetechnik – ohne Webrahmen – schnell gemacht.
Hierzu wird ein feiner, biegsamer Kupfer- oder Messingdraht, Stärke 0,2-0,3 mm, oder ein spezieller, verzwirnter Perlfaden oder reißfestes Garn und zwei Nadeln (Nylonfaden verwickelt sich) benötigt. Ferner kleine Perlen mit großem Loch, durch die man zweimal eine Nadel ziehen kann.
Perlenanzahl pro Reihe: vier Perlen zu 3 mm = 16 Stück pro cm^2
Draht- oder Garnlänge: ca. 130 cm für 16 cm fertiges Band.
Zu Beginn entwirft man am besten mit Farbstiften eine Vorlage. Dann wird der abgemessene Draht in der Mitte geknickt und an dieser Stelle ein Verschluß angeknotet.
Nun schiebt man von zwei Seiten die Drähte durch die erste Perle und zieht sie fest an, dann wird der Draht durch zwei Perlen gezogen usw.
Die Drähte führen immer von beiden Seiten durch die Perlen.
Am Ende werden die Drähte zum Befestigen eines Verschlußringes verwendet.

Gold-Silber-Band

Sie benötigen viermal 30 cm langen Faden.
Dieses Freundschaftsband knotet man mit den Enden um das Handgelenk. Zuerst werden die vier Fäden nach 7 cm verknotet. Dann fädelt man einen Strang nach dem anderen auf und führt dabei alle Fäden durch die weißen Perlen. Am Ende werden die Stränge abgeknotet.

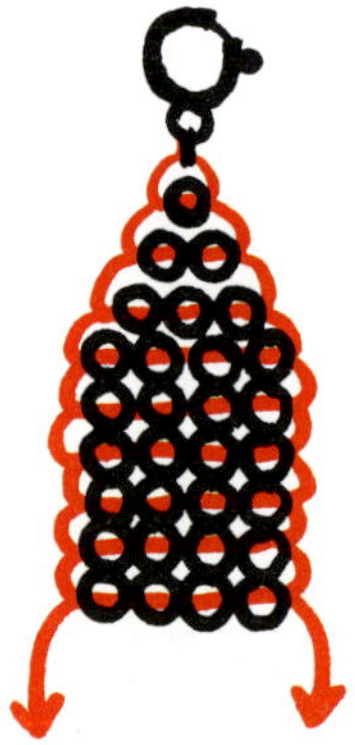

Clown

Eine schöne Arbeit für Fortgeschrittene in Doppelt-Durchschiebetechnik (siehe Seite 16). Mit einem 130 cm langen Messingdraht, Stärke 0,3 mm, arbeitet man von der Stirn zum Hals.
Die Schleife wird extra angefertigt und befestigt. Für ein Haar schiebt man ein Drahtstück durch zwei Gesichtsperlen und wickelt es fest um den äußeren Stirndraht. Nun fädelt man sechs rote Perlen auf und geht durch fünf mit dem Draht zurück. Zum Schluß kann man den Clownkopf in einen schönen Bilderrahmen kleben.

BEWEGLICHE HARLEKINE

Der absolute „Hingucker“ als Anstecker, Ketten- oder Schlüsselanhänger, Talisman für das Auto usw. Eine gute Rundzange ist unbedingt nötig, um kleine Ösen in den Silberdraht, Stärke 0,6 - 0,8 mm, zum Einhängen der Gliedmaßen oder als Abschluß biegen zu können. Für eine einfache Rundung benötigt man knapp 1 cm Draht.
Manchmal ist es aber besser, doppelte Ringe zu drehen, damit sie stabiler sind, oder um nicht so leicht daran hängen zu bleiben. Anstecknadeln werden zum Schluß unter dem Bauch und am Hals mit einem dünnen Draht befestigt.

PEPPINO, DER MUSIKER

Dieser lustige Kerl ist vielleicht am einfachsten nachzuarbeiten, da es sein Gesicht zu kaufen gibt. Er kann allerdings nur seine Beine hin und her schlenkern. Für seine Ziehharmonika und seine Arme faltet man einen 20 cm langen Draht mit weißen Glasstäbchen mehrmals und reiht auf jeder Seite eine goldene Handperle und kleine Glasperlchen im Wechsel mit fünf Blütenperlen auf, damit diese etwas Abstand behalten. Die Drahtenden werden nun beidseitig unter die Perlkappenhalskrause geschlungen und abgezwickt.
An den Füßen (eine kleine Öse, eine Goldperle, 6 mm Ø und zwei Goldperlen, 4 mm Ø) beginnend werden die Beine aufgefädelt.
Schwarze Fellreste überdecken die Drähte aus seinem Kopf.

CLOWN KUNTERBUNT

Er kann Arme und Beine bewegen sowie Kopf (10 mm Ø) und Schultern drehen. Ein Draht wird in seiner Mitte um einen Doppelring als Aufhänger geknickt. Danach steckt man ihn durch eine Spitzentülle, an der vorher sechs braune Reiskornperlen seitlich mit einem feinen Draht angebracht wurden. Nun folgen Hals (4 mm Ø), Brust (6 mm Ø) und Bauch (15 mm Ø). Unterhalb des Bauches werden zwei Ösen gebogen. Für die Schultern wickelt man einen Draht einmal unter der Brustperle herum, bestückt ihn jeweils mit einer roten Perle und formt Ösen.
Zuletzt folgen Arme und Beine, die extra angefertigt und am Körper befestigt werden.
Die Gesichter werden mit Bastelfarbe bemalt.

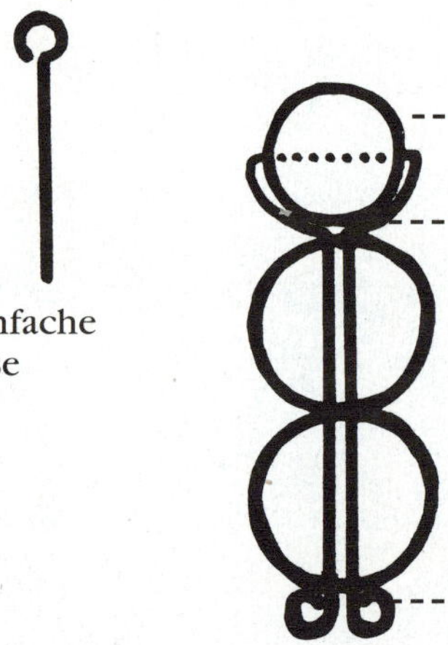

Rotschopf und Silverblack

Die Körper werden wie bei Clown Kunterbunt hergestellt. Nur ist hier der Drahtknick direkt über der auseinandergebogenen Perlkappe, an der auch die Arme eingehängt werden. Durch diesen Knick zieht man einen feinen Draht und montiert einen bemalten Kopf, der sich durch diese Einhängeart bewegen kann. Die Haare verdecken die Drahtenden. Die Perlkappe des Rotschopfes wurde vorher mit kleinen Perlen umsponnen.

Creolenharlekine

Nur edle und glänzende Zutaten sind für diese Bälle jonglierenden Harlekine gut genug.
Es sind im einzelnen: Perlkappen, Straßrädchen, Rillenwalzen, Flachperlen, Rillenperlen, Filigranperlen, Acrylfacette-Tropfen.
Ein Doppeldraht, Stärke 0,6 mm, geht, von einer kleinen Perle gehalten, vom Kopf durch den Körper und verzweigt sich zu den Beinen, die nach der Filigranperle Dreifach-Ösen erhalten.
Der Draht für die Arme wird einmal unter dem Straßrädchen herumgeschlungen und bis zu den Handösen (auch dreifach) gearbeitet.
Der Durchmesser der Creolen beträgt 5 cm. Sie lassen sich auf einer Seite öffnen.
Man fädelt zuerst einen schwarzen Ball auf, dann zwei Glasperlen, einen Ball, eine Handöse, eine lose Fußperle, eine Fußöse usw.

Filigran-Ohrclip

An einer Spitzentülle werden Glasstäbchen und -perlen mit Messingdraht, Stärke 0,4 mm, eingehängt. Damit die lange Indianerperle schön frei hängt, muß sie innen mit zwei kurzen Drähten und zwei Ösen festgemacht werden.